How to Abacus Exercise

Hello, happy to see you here.
I'm BB, aka Bead Baby.

Practicing is the key to a better Abacus skill.

You can practice your abacus and mental math skills with all the exercise books we prepare for you.

3 Digits 810 Exercises

Go! Go! Go!

Text and pictures copyright © 2019 by Sheena Chin & Yonhao Fan

All rights reserved.

No parts of this book may be used, reproduced, scanned or transmitted in any form or by any means, electronic or mechanical, including photocopying or recording, without written permission from the publisher.

For information address PinGrow Media, contact@pingrow.com

ISBN-13: 978-1-949622-14-0

Visit www.pingrow.com

3, 2 digits 8 numbers

1	2	3	4	5	6	7
47	738	53	617	39	940	98
675	73	495	23	87	85	409
162	94	-28	60	283	637	987
12	904	513	398	21	-387	-29
35	-382	83	-244	905	96	-564
399	715	480	88	483	76	-77
56	77	-243	-523	55	-707	930
468	85	78	68	-456	99	41

8	9	10	11	12	13	14
134	67	153	734	52	950	473
87	59	98	73	578	27	65
371	193	368	33	-43	95	592
54	-104	22	915	837	-865	98
-49	471	749	-342	66	-38	78
468	44	-530	78	509	55	417
-590	-80	63	608	88	432	-386
21	757	44	-97	-432	198	-65

15	16	17	18	19	20	21
189	950	83	307	416	554	849
63	21	99	26	76	91	34
928	-176	435	657	65	-34	302
-543	86	65	88	264	104	76
82	39	432	75	97	57	819
507	684	-189	518	43	729	-654
95	77	74	-208	-548	46	56
35	650	739	-54	160	554	74

3, 2 digits 8 numbers

1	2	3	4	5	6	7
31	465	846	98	293	57	875
84	45	98	65	76	35	43
917	201	45	789	45	894	502
298	75	-785	35	673	618	64
67	93	43	764	86	56	342
54	534	564	356	23	502	75
-710	82	96	85	301	87	-654
354	-604	-387	-343	-546	-745	65

8	9	10	11	12	13	14
411	942	125	425	558	396	58
-37	-551	-56	17	674	291	562
-114	866	-35	50	-745	23	751
89	15	361	-80	12	938	764
157	-778	320	341	77	-23	-57
-81	601	-59	-69	80	826	-25
786	71	632	463	-42	24	915
-14	98	-29	450	947	-25	-27

15	16	17	18	19	20	21
58	24	92	143	329	710	25
261	127	571	-81	586	30	341
-188	660	771	-45	-61	946	50
96	-17	-59	780	656	-202	124
260	490	-215	36	-68	72	71
-22	-27	169	381	65	56	-169
-44	26	-67	54	-11	928	-18
546	813	87	342	-938	-36	350

3, 2 digits 8 numbers

1	2	3	4	5	6	7
800	334	39	282	103	87	161
-56	56	716	69	46	97	471
735	396	-198	439	760	284	76
22	-298	76	99	36	564	42
320	72	87	56	-488	86	-305
-59	56	652	-142	64	-342	462
632	874	67	76	783	944	21
-29	-11	157	324	66	-34	98

8	9	10	11	12	13	14
823	87	57	795	839	78	206
60	260	53	24	65	56	95
583	76	509	919	89	228	125
65	60	591	76	324	96	82
73	826	97	831	14	754	513
351	-165	418	-42	386	-613	37
764	87	-62	563	94	192	679
31	972	304	52	765	96	58

15	16	17	18	19	20	21
138	46	725	99	57	903	27
89	187	95	166	743	75	87
513	778	342	78	24	231	228
96	98	76	58	364	43	415
15	148	460	469	56	175	52
-181	76	98	567	408	75	66
675	-499	890	64	43	247	176
95	43	86	901	395	67	-387

3, 2 digits 8 numbers

1	2	3	4	5	6	7
911	42	210	53	985	94	803
343	74	53	35	57	77	34
98	542	851	923	-498	886	984
31	396	74	65	437	551	81
817	87	302	872	-324	87	241
-641	856	-47	-331	999	-445	-58
66	752	504	72	-615	74	65
86	-63	85	185	606	255	440

8	9	10	11	12	13	14
75	80	312	75	95	347	414
129	644	74	287	769	89	48
114	149	593	25	99	228	60
-63	-76	65	47	192	86	382
78	217	37	816	-41	-159	69
60	83	571	886	127	398	276
-142	748	64	-187	88	73	768
850	-65	871	98	484	76	46

15	16	17	18	19	20	21
48	972	59	38	18	16	923
583	87	265	488	597	471	67
878	638	978	-494	28	73	207
97	74	65	83	564	242	-85
-187	583	258	-76	685	-305	-86
76	310	-47	100	-90	-46	-99
712	76	786	22	944	-21	928
98	-76	87	134	47	274	-308

3, 2 digits 8 numbers

1	2	3	4	5	6	7
80	57	795	839	72	206	234
260	53	24	65	-56	995	-20
776	509	919	859	228	12	701
60	59	273	32	-20	82	-405
826	884	83	-110	753	-513	-43
-72	-418	-42	-88	-613	32	-96
465	-62	563	449	-19	679	656
-98	304	35	-71	504	95	49

8	9	10	11	12	13	14
446	725	90	357	190	627	893
-28	95	-16	74	-15	-87	-729
-76	-40	-87	-642	-13	228	23
-73	-71	580	364	334	-146	741
48	460	-46	566	175	515	512
145	-673	667	-80	-73	60	-24
996	890	323	-8	-142	67	74
110	78	886	44	-60	38	98

15	16	17	18	19	20	21
422	210	53	985	293	80	295
45	53	245	57	-77	-39	64
54	85	923	98	886	984	786
396	-74	36	437	-51	281	83
-651	-603	782	-324	986	241	-957
856	-47	-331	45	-445	-385	-24
-77	504	13	-615	73	35	83
57	885	74	66	-25	-40	252

3, 2 digits 8 numbers

1	2	3	4	5	6	7
80	312	474	95	347	414	906
64	-74	-27	769	-88	-41	-497
149	593	25	97	-22	60	97
100	615	667	-112	-84	-48	-82
-217	-37	16	-41	159	676	-27
-13	571	277	12	-98	276	183
48	64	617	888	173	-75	17
756	87	-68	482	573	143	996

8	9	10	11	12	13	14
972	52	68	295	286	549	499
-619	265	-34	-81	-39	558	-54
38	978	667	366	180	-93	-18
74	362	-16	-126	83	78	196
853	-85	64	39	326	211	26
31	-47	674	56	79	-421	996
47	-76	754	-32	651	54	607
573	326	-596	794	89	68	21

15	16	17	18	19	20	21
72	421	253	320	18	64	73
471	77	44	-47	159	199	440
325	536	311	75	28	-65	-23
-131	-88	-36	-24	564	-14	438
-41	-51	-97	726	-68	362	86
864	866	267	54	-90	514	380
38	67	30	338	944	-56	363
17	-177	185	-486	-347	183	-27

3, 2 digits 8 numbers

1	2	3	4	5	6	7
68	34	17	310	637	95	397
-53	331	601	-214	55	-57	76
878	-92	33	71	-485	799	24
-97	662	172	514	87	156	765
187	-31	69	-296	916	-208	-398
76	75	-168	38	-278	78	65
217	-900	277	55	94	19	192
603	609	-28	48	89	910	-86

8	9	10	11	12	13	14
87	725	86	298	138	361	755
63	99	-71	-139	-89	35	28
786	16	735	78	513	93	114
399	913	87	-50	-81	953	64
-231	89	726	176	10	11	843
65	-702	93	-51	181	309	60
37	846	907	-58	-375	65	79
123	97	-695	575	606	345	-543

15	16	17	18	19	20	21
42	335	100	811	911	993	581
171	17	-33	-84	-343	-81	-389
50	50	-35	55	87	-420	76
-82	-84	129	-175	13	181	84
331	123	320	680	817	-182	129
-62	-69	-59	60	645	440	847
463	334	639	657	-76	-16	40
150	400	-56	19	85	29	-55

3, 2 digits 8 numbers

1	2	3	4	5	6	7
92	860	59	300	88	103	78
672	-178	90	76	69	465	57
207	950	186	-198	439	75	284
54	96	710	973	985	864	564
268	56	-382	-87	-664	488	-234
-98	875	81	652	73	-94	853
146	72	66	65	156	-153	64
73	85	386	-58	86	63	52

8	9	10	11	12	13	14
34	272	95	161	923	65	959
92	63	139	47	76	265	98
701	907	871	736	207	950	-164
504	241	-50	-43	-85	-254	72
76	-124	94	332	681	56	338
945	96	75	56	-96	96	-84
46	84	563	732	928	74	864
493	26	178	-97	-38	178	97

15	16	17	18	19	20	21
893	84	811	823	79	57	795
29	77	48	60	260	53	240
23	796	59	583	34	509	-63
741	684	-175	-96	167	591	273
512	-96	680	773	826	88	81
-248	64	70	-351	-85	48	-95
85	165	195	57	465	235	563
54	548	73	26	36	304	58

3, 2 digits 8 numbers

1	2	3	4	5	6	7
76	186	87	839	728	26	234
417	592	418	65	-356	995	99
98	-67	65	596	82	25	701
508	75	148	324	55	82	-405
67	417	-342	-86	754	513	47
-372	-96	88	-88	-613	-321	96
54	-386	56	449	93	679	656
964	75	904	95	57	-59	-85

8	9	10	11	12	13	14
971	310	262	73	298	138	446
-720	13	53	197	95	89	-28
11	560	903	57	198	513	775
-116	66	-177	241	-50	86	-73
62	-244	948	124	-276	545	-148
54	987	-37	-99	851	-81	543
-251	-45	-94	447	84	-375	99
92	-11	80	-66	75	66	19

15	16	17	18	19	20	21
90	725	909	57	903	67	893
898	95	-166	743	75	897	79
962	-240	78	69	-213	228	23
-10	674	58	364	47	-146	741
986	-98	356	566	175	-55	512
44	765	-154	-804	-98	-365	-248
96	-98	38	99	-243	67	74
-732	88	68	24	96	88	-98

3, 2 digits 8 numbers

1	2	3	4	5	6	7
84	811	911	42	27	523	985
377	84	-343	779	37	-245	57
97	559	87	56	851	94	-498
89	-75	432	396	-374	936	37
294	685	877	-651	67	-78	-324
866	-69	-64	856	-47	-33	99
-47	-637	-76	86	504	-98	-65
-548	58	86	79	642	874	606

8	9	10	11	12	13	14
29	803	35	74	36	755	85
77	-349	97	578	35	-128	64
886	98	786	-54	592	41	149
-551	81	-295	-38	953	-56	-97
98	241	-54	667	-85	87	217
-54	-86	-24	368	398	66	-53
473	835	483	-97	-132	392	748
-255	-44	628	588	17	850	756

15	16	17	18	19	20	21
31	474	95	34	414	96	64
747	-273	769	89	87	79	99
93	25	977	228	66	389	965
615	63	-67	-84	49	-82	419
77	86	-41	951	676	586	-67
-571	277	27	-698	276	769	54
64	-17	888	73	79	-517	-567
871	689	-484	573	-234	96	183

3 digits 8 numbers

1	2	3	4	5	6	7
985	187	161	923	860	959	823
846	597	471	672	-178	855	769
760	284	736	207	950	-164	583
-538	564	-242	-851	657	710	956
488	685	305	681	453	-382	-731
-494	-910	-462	796	698	-813	351
783	944	738	928	972	864	-757
675	-347	275	-308	-936	386	331

8	9	10	11	12	13	14
807	795	728	206	234	298	725
266	240	-356	995	985	939	957
776	919	228	125	701	-178	-349
587	273	297	885	-499	548	678
826	831	756	513	326	176	460
-726	-957	-613	321	798	-851	-673
465	563	932	679	-656	-258	890
-982	352	457	-958	493	575	785

15	16	17	18	19	20	21
903	627	893	184	422	210	523
759	786	729	377	745	533	-245
-213	228	-547	796	542	851	923
343	-146	741	-864	396	-374	936
175	515	512	956	-651	-603	-782
-573	600	-248	668	856	753	543
756	457	745	-347	-771	504	713
698	383	-398	548	957	-885	874

3 digits 8 numbers

1	2	3	4	5	6	7
985	293	803	748	361	755	805
576	677	-349	-153	548	286	649
-498	886	984	541	-592	114	149
437	-551	281	321	953	-563	375
-324	986	241	-667	-101	878	217
999	-445	-385	368	396	687	-813
-615	473	835	849	-132	392	748
606	-255	-440	-588	774	850	756

8	9	10	11	12	13	14
312	474	347	414	644	736	972
174	754	889	817	199	440	-619
593	535	-228	665	956	-235	846
615	-631	484	-483	-447	438	-474
-737	867	-159	676	362	863	548
571	277	698	276	514	380	310
624	-617	173	-758	-567	363	476
871	986	573	345	183	-275	573

15	16	17	18	19	20	21
529	968	295	549	499	342	173
-265	-344	844	558	547	331	601
978	667	-366	-931	-181	935	338
362	635	635	783	986	-662	172
857	-764	839	-311	-289	513	699
475	674	566	453	697	476	168
-763	548	-320	546	607	-387	277
326	967	794	868	-121	609	-928

3 digits 8 numbers

1	2	3	4	5	6	7
310	722	421	253	320	875	790
-214	471	774	267	753	-468	359
435	-325	536	311	564	958	433
514	131	-887	-360	-824	241	-791
-296	-417	564	967	726	813	189
738	864	866	-280	546	-823	-375
551	338	-367	653	338	979	320
848	756	773	185	486	463	865

8	9	10	11	12	13	14
322	156	977	870	332	427	733
265	986	597	913	899	768	-406
226	546	-698	752	205	-239	473
-791	-289	784	-770	-825	407	372
294	535	-653	907	144	776	-375
569	-469	644	315	511	552	352
-527	806	712	684	653	-922	278
689	940	357	853	321	687	101

15	16	17	18	19	20	21
357	897	103	990	744	955	675
785	913	688	-424	908	439	-224
-505	494	963	557	287	870	759
876	-230	171	980	859	-698	211
-212	822	-692	-443	-496	797	362
548	148	967	865	-662	-111	-361
535	596	939	153	220	574	975
386	-952	-179	642	964	488	-339

3 digits 8 numbers

1	2	3	4	5	6	7
629	138	391	824	140	181	854
823	559	350	411	539	586	-489
221	996	758	347	133	-394	934
204	-607	430	973	-629	886	-597
-729	571	-694	642	-320	-642	785
489	454	-395	-516	348	568	366
180	-630	132	363	226	775	627
383	223	363	-697	958	456	768

8	9	10	11	12	13	14
159	444	411	141	177	439	323
513	397	739	476	626	269	135
724	-224	704	589	685	-381	699
-419	617	-792	-287	619	917	759
296	648	846	428	-640	990	258
961	-779	866	557	907	-416	-582
564	642	-472	610	-547	-151	-209
793	233	587	-374	226	768	555

15	16	17	18	19	20	21
703	682	905	782	626	999	478
564	925	-759	-708	-387	-878	878
588	-236	585	339	924	924	826
-391	-418	249	236	-211	657	707
859	377	622	866	196	803	-622
569	284	-126	-184	-410	-969	765
-645	857	579	861	657	896	543
557	-476	-525	-772	333	799	-214

3 digits 8 numbers

1	2	3	4	5	6	7
235	875	373	232	602	653	169
788	484	-187	991	731	583	728
975	-616	476	711	-687	123	772
-485	643	968	-950	837	-931	-147
-388	745	-785	762	-795	675	-184
489	-615	425	994	871	338	298
213	719	843	309	643	869	191
850	938	386	-517	-953	-755	-745

8	9	10	11	12	13	14
263	925	597	137	388	533	891
939	381	936	718	546	-395	536
-350	738	-563	-201	944	876	294
287	587	436	648	-632	484	-415
563	795	-179	-337	423	685	306
844	-874	875	871	-320	-481	428
-254	589	-490	476	538	950	-448
942	455	775	759	628	207	698

15	16	17	18	19	20	21
655	818	167	675	239	289	387
501	907	337	990	887	996	457
-298	-745	596	814	178	639	775
936	436	193	-731	-209	883	-389
-674	669	-457	298	514	-674	511
443	819	903	-582	697	314	138
743	-489	-303	446	-457	-578	426
-862	102	553	172	919	443	-495

3 digits 8 numbers

1	2	3	4	5	6	7
241	628	312	780	343	663	469
367	397	976	872	757	139	733
693	586	276	266	504	865	-565
-454	-398	985	-989	940	-467	648
820	190	352	890	-697	958	442
476	699	-667	-376	699	649	853
355	874	391	127	963	379	282
163	-399	132	983	713	-224	-417

8	9	10	11	12	13	14
868	751	745	522	697	932	165
184	886	874	748	391	-193	487
-520	-686	-395	653	574	554	374
724	520	677	-487	477	779	-229
875	-444	790	953	-348	408	853
-936	853	698	247	875	-848	635
211	-350	-605	-521	908	401	-890
776	817	986	979	-821	551	743

15	16	17	18	19	20	21
316	149	252	197	473	614	451
997	396	557	697	851	687	-199
-654	-414	-311	-486	-916	763	436
245	701	387	882	712	-573	-217
-525	869	696	-555	490	-550	521
863	-995	-459	946	-918	154	798
-360	704	578	663	298	-362	365
985	172	-734	236	637	355	763

3 digits 8 numbers

1	2	3	4	5	6	7
637	973	603	946	339	984	954
527	474	996	758	736	-197	865
-687	679	498	210	-574	376	-779
754	-587	-594	487	647	669	308
-512	933	336	635	-457	-279	727
482	875	789	-963	854	619	939
436	-845	-697	467	962	408	-692
849	364	735	-703	789	885	745

8	9	10	11	12	13	14
934	518	186	938	994	389	336
-646	-187	897	-899	-408	136	784
419	734	745	985	747	-354	-524
348	-294	-657	474	885	573	401
780	469	532	111	452	961	728
116	-565	786	875	248	-771	450
-635	677	-532	-445	-399	138	-347
795	879	875	697	936	515	825

15	16	17	18	19	20	21
327	277	923	334	311	118	802
-289	458	775	638	-145	275	-159
383	913	-549	869	597	766	983
774	-836	593	-537	234	-456	256
-358	768	645	315	756	386	770
121	576	528	924	184	578	697
926	859	-278	-821	-675	-723	216
198	416	737	715	986	932	-766

3 digits 8 numbers

1	2	3	4	5	6	7
838	877	362	956	757	744	661
-198	-584	963	775	936	888	854
367	745	-548	886	-358	-653	719
787	862	587	233	563	528	-458
906	-976	746	354	-189	636	734
-695	576	-367	-996	936	967	-210
376	893	294	342	392	221	-461
586	756	553	-215	876	-353	510

8	9	10	11	12	13	14
910	992	584	284	877	698	923
-283	-656	134	806	947	688	331
696	928	-313	-553	494	847	678
145	-303	465	325	-663	-349	-838
-552	414	343	869	287	826	389
290	-185	807	-727	595	638	736
-360	685	-198	194	364	873	299
181	495	304	726	-423	-589	-837

15	16	17	18	19	20	21
511	567	844	498	661	131	843
-287	369	986	460	-398	349	218
846	-629	-621	716	926	-188	-647
768	547	168	369	-158	255	387
-517	563	479	-598	828	816	762
835	-659	-820	-706	615	879	389
437	963	653	363	896	-426	492
282	917	966	657	-624	-181	-788

3 digits 8 numbers

1	2	3	4	5	6	7
438	332	352	916	931	649	986
980	416	664	759	142	-554	-745
-432	119	836	356	351	437	269
508	111	-195	-731	-713	336	436
427	798	-949	-923	778	675	763
714	-833	193	210	567	938	329
822	319	812	558	-139	-338	-691
-247	849	263	812	417	830	574

8	9	10	11	12	13	14
815	237	975	606	143	935	831
837	885	532	894	329	-541	561
596	-782	-295	278	361	694	-614
686	942	433	466	-429	968	218
-443	220	842	-868	148	-410	678
-166	975	-271	-198	879	229	777
887	643	-460	336	-477	237	454
930	-222	573	295	894	147	-818

15	16	17	18	19	20	21
483	916	218	465	647	828	495
758	-785	554	577	728	966	589
445	689	286	768	-909	-152	337
-934	-309	-769	-519	547	354	-434
537	413	345	427	656	551	754
415	698	-129	-316	610	-147	-687
-287	-513	397	928	284	927	838
591	776	996	-275	-833	229	543

3 digits 8 numbers

1	2	3	4	5	6	7
234	990	658	936	564	368	932
546	-192	-289	875	396	459	-483
269	156	587	346	969	737	794
-554	548	288	-778	152	-974	839
973	921	-396	514	-822	486	658
566	292	735	689	965	-358	980
-328	-596	841	-367	-315	927	-349
279	148	-656	631	-235	240	123

8	9	10	11	12	13	14
426	629	664	287	398	512	314
188	419	336	646	625	448	-227
-564	566	-453	-213	182	-178	126
573	385	919	383	-247	954	883
975	-564	-291	166	777	-371	233
-176	334	342	747	947	718	-183
372	-902	771	-893	-634	482	646
-345	276	-511	288	749	551	875

15	16	17	18	19	20	21
955	275	777	325	999	724	532
-783	465	865	283	773	948	387
651	984	303	598	-588	212	-414
689	-211	-552	922	423	-161	458
-781	458	902	-633	947	769	709
889	-766	-589	345	-381	-496	-423
437	485	866	417	653	227	923
773	539	769	818	792	844	548

3, 2 digits 10 numbers

1	2	3	4	5	6	7
993	274	368	829	272	554	565
87	84	592	77	-51	-11	58
98	106	16	-67	-80	401	-388
391	881	40	828	77	-67	807
-51	68	428	-45	757	567	53
398	-238	-644	-191	-663	-58	-42
832	71	58	720	446	378	543
72	761	708	31	28	26	882
-115	45	-31	-370	777	867	90
-84	76	38	46	35	46	93

8	9	10	11	12	13	14
755	679	259	38	681	203	193
-97	-66	-169	827	515	64	-89
-263	-98	-16	56	-93	836	12
77	351	508	-53	78	-458	226
67	-44	-236	19	91	-38	-37
632	764	-40	638	876	586	90
-90	397	874	-106	-88	-390	564
764	75	-57	313	-45	-77	73
-41	-74	42	347	576	98	434
339	986	38	87	-100	66	-123

15	16	17	18	19	20	21
237	83	773	580	92	832	635
-194	203	-48	99	415	-78	34
-58	-68	-53	517	386	-263	-60
-40	-22	220	51	93	913	-384
567	613	-66	347	56	27	-15
-61	-270	343	-73	-205	96	266
187	568	451	-269	942	509	563
69	-42	130	38	87	85	-11
778	733	86	-61	-90	776	463
82	34	-82	999	567	86	58

3, 2 digits 10 numbers

1	2	3	4	5	6	7
551	713	705	332	724	353	781
-90	239	336	97	-87	227	-78
75	-320	64	-62	138	85	56
61	67	57	687	-41	-266	991
-224	35	-363	-50	-149	-82	-73
777	-84	-28	556	-45	43	-136
-82	-56	133	-59	226	24	10
96	697	82	-167	-92	346	775
387	36	299	302	552	-83	76
-120	-90	38	53	40	995	287

8	9	10	11	12	13	14
54	999	861	573	132	994	982
888	277	99	290	-63	91	81
-25	49	76	92	876	819	-54
687	235	-63	639	89	16	759
543	-56	429	52	-37	22	-336
95	551	792	-68	738	-287	574
-46	99	41	28	-145	59	951
-106	-338	-424	-431	93	554	78
415	85	968	996	229	-20	81
85	48	-59	42	20	606	31

15	16	17	18	19	20	21
616	45	567	323	643	403	534
884	966	996	-290	69	-79	505
-441	-65	-99	86	-370	726	-86
-75	-233	-117	92	-43	86	369
423	565	-97	974	885	-68	99
74	-40	62	47	390	389	-48
359	-60	932	-277	91	98	64
59	437	-69	89	-183	-73	619
97	41	746	659	86	-185	56
-36	653	98	72	98	309	-161

3, 2 digits 10 numbers

1	2	3	4	5	6	7
337	916	997	425	625	816	102
-66	79	-99	461	98	65	-24
32	-49	47	-86	324	96	896
-199	54	415	563	49	514	-21
599	31	-336	98	935	86	78
-91	520	76	540	-92	-382	394
85	-197	987	-73	-364	75	597
326	256	-45	25	47	68	-553
180	775	774	-249	-227	681	65
-64	99	-35	-74	36	953	96

8	9	10	11	12	13	14
150	124	875	803	321	956	423
-33	-49	-89	-96	-59	677	-51
63	279	563	-278	78	-53	-234
657	89	-54	477	639	-298	-96
-69	36	478	-86	315	54	939
836	-120	-79	48	91	46	-68
-89	835	367	863	-94	586	298
659	75	-73	-78	676	-94	70
-59	-45	-257	462	-369	887	-41
-141	385	75	77	95	67	926

15	16	17	18	19	20	21
668	785	309	758	132	387	518
945	-99	470	-99	98	-79	70
42	85	854	505	62	55	166
861	397	-40	-20	766	-173	-54
-44	-166	-318	-137	-489	97	-569
23	69	89	413	79	-40	-91
-242	-73	-61	-74	582	529	316
95	512	355	19	-291	-95	-47
-86	-38	-99	149	74	854	65
672	673	39	75	36	-264	986

3, 2 digits 10 numbers

1	2	3	4	5	6	7
942	598	936	493	911	987	390
-78	35	-69	-58	-73	87	-49
645	307	74	-183	80	-59	819
89	-27	826	622	-51	66	46
-29	-85	-47	-68	713	-572	263
995	832	-385	151	192	-79	-88
36	581	93	39	97	482	703
617	-268	86	47	-138	321	-62
76	-31	578	853	-94	653	222
-243	89	484	-84	336	96	58

8	9	10	11	12	13	14
496	875	727	691	824	155	816
77	283	98	45	99	47	56
264	99	85	-66	-83	-93	548
-43	-189	-265	791	-481	56	97
716	49	912	977	98	408	83
-65	97	-63	-87	881	-231	-341
-72	-580	87	-326	963	881	-91
-179	468	546	-91	41	46	620
-86	75	-47	86	64	875	57
351	56	342	898	821	-95	762

15	16	17	18	19	20	21
244	97	96	163	181	923	70
39	169	376	-86	753	-98	-45
-83	-201	-34	97	-29	311	608
22	56	256	755	33	44	-73
752	-84	-79	-82	-108	-363	-224
-168	79	48	953	26	59	639
847	914	291	90	59	659	40
63	547	57	737	948	84	576
-87	-27	974	12	788	-43	361
975	749	443	-239	-83	903	77

3, 2 digits 10 numbers

1	2	3	4	5	6	7
223	591	968	185	508	95	27
58	29	39	63	85	467	13
66	58	388	-74	962	47	438
361	684	-49	283	-693	782	962
-85	-83	67	887	-23	-59	-807
-61	69	-178	-345	-76	989	-52
680	398	68	-81	356	93	553
-173	-289	691	23	512	-815	204
-49	-47	-17	932	-46	356	-65
377	-112	756	64	92	13	63

8	9	10	11	12	13	14
445	55	66	741	73	88	479
-77	496	486	79	65	408	57
995	57	-77	759	863	796	98
-99	373	569	465	-82	45	207
271	697	-804	-83	-692	541	-195
13	-88	56	-889	78	-66	53
-753	22	372	974	466	-654	18
28	-546	-63	54	332	38	954
85	338	76	96	-74	889	311
874	79	417	87	909	35	-94

15	16	17	18	19	20	21
117	96	966	48	264	822	871
-29	888	764	96	-45	88	38
745	74	-99	538	-114	-116	-95
93	274	89	56	-99	78	-209
815	-452	-271	-21	553	563	579
-666	98	94	-356	31	-21	50
86	896	53	986	-67	472	327
981	44	945	955	922	68	44
54	-83	-324	-675	-48	-96	47
44	485	59	-98	636	449	893

3, 2 digits 10 numbers

1	2	3	4	5	6	7
931	661	314	89	590	698	758
39	78	-65	356	-88	-99	-99
553	-69	645	25	-120	59	88
95	387	-48	875	34	247	758
786	71	87	-66	96	-353	410
-87	-867	413	783	851	68	20
-658	367	-368	-932	-528	764	-66
-39	-86	-91	89	987	-36	-36
888	97	654	997	-62	75	892
75	104	45	77	85	564	-828

8	9	10	11	12	13	14
43	141	51	631	47	247	673
214	-56	69	38	164	756	-348
-97	505	145	287	99	-46	46
335	38	444	-58	850	-177	-193
-271	-190	187	35	96	96	63
66	895	78	589	621	49	853
689	66	-344	93	39	399	56
55	87	-36	-671	87	-43	51
-172	93	89	65	-365	308	745
96	666	559	771	745	55	83

15	16	17	18	19	20	21
623	98	97	33	735	74	481
479	-89	523	47	-56	46	-99
89	934	74	817	97	986	635
457	57	779	840	98	-62	-838
-91	297	80	78	953	272	86
668	79	564	454	746	74	-79
-521	940	-822	-36	-652	-703	-63
87	-857	986	-747	97	586	943
78	-75	55	553	-154	888	98
95	352	39	65	-75	-96	674

3, 2 digits 10 numbers

1	2	3	4	5	6	7
41	961	653	92	792	746	98
399	69	-89	997	-49	55	972
54	240	72	-66	55	152	72
687	-28	785	75	691	-64	273
65	769	69	856	453	43	513
769	-864	-349	97	84	973	36
48	-55	73	-942	97	95	-91
593	485	689	691	-723	-97	-267
-213	87	183	95	74	-328	875
-78	59	36	426	586	879	-43

8	9	10	11	12	13	14
78	387	421	89	936	74	986
55	59	-99	117	-76	432	33
316	643	86	934	95	-86	312
-155	-78	538	-78	768	819	120
27	568	96	-37	87	-87	-52
602	57	-427	548	497	-570	941
-63	-61	53	78	-46	85	-544
716	685	-47	243	772	68	97
946	-63	672	67	45	-339	-61
87	-192	510	-732	-686	233	99

15	16	17	18	19	20	21
556	71	673	72	49	182	504
57	59	371	649	74	838	-348
-96	-97	98	59	893	-98	97
453	865	-60	-37	64	-64	86
56	-61	59	610	-287	893	436
-47	526	499	969	-96	-761	86
498	754	-81	-38	549	-51	312
-248	-47	54	556	477	92	-96
734	962	590	-498	86	26	29
33	-684	-635	-75	655	354	864

3, 2 digits 10 numbers

1	2	3	4	5	6	7
24	879	99	210	399	99	521
176	64	87	-78	79	217	89
-98	498	586	87	813	494	613
813	93	432	763	-52	41	38
85	-363	-73	94	-95	756	-333
34	86	42	856	894	-55	653
-328	596	689	-35	90	87	-91
78	-57	-722	674	397	956	578
324	758	87	86	59	22	-72
454	98	589	-934	818	-498	97

8	9	10	11	12	13	14
269	98	81	45	387	89	958
58	416	98	697	85	-74	-399
36	-83	769	-28	28	767	93
67	297	-88	977	-197	435	-88
975	-51	453	-78	38	91	78
68	829	-79	635	653	852	970
-392	79	417	-13	76	-98	51
493	-864	75	-864	-279	674	650
-86	-67	648	75	769	-84	-76
907	976	-365	453	-87	922	-457

15	16	17	18	19	20	21
255	270	94	79	959	444	796
-69	327	237	35	78	-398	165
84	-76	38	769	-95	86	-81
623	66	46	-228	88	45	737
-68	785	645	530	387	668	37
83	-606	-43	56	-73	-93	-609
689	894	-376	148	680	-587	57
-228	-82	-83	926	69	56	-97
-60	-59	946	84	-884	996	894
953	74	886	23	929	-43	78

3, 2 digits 10 numbers

1	2	3	4	5	6	7
865	242	79	729	59	318	952
79	848	87	57	69	57	79
98	35	659	253	-73	-78	-45
585	-589	-47	-653	597	219	98
-777	67	524	84	31	-261	-410
64	786	-364	38	869	-50	828
631	-89	34	56	152	863	-511
-97	965	647	768	-56	-94	42
46	47	-96	-47	-796	-14	693
919	64	842	987	932	365	56

8	9	10	11	12	13	14
68	19	652	78	435	45	917
625	289	-79	968	39	69	-98
43	81	34	-649	-395	447	63
-73	808	525	59	982	868	509
842	613	27	96	95	-55	33
63	-79	602	344	-24	96	864
-356	250	-275	57	37	573	-45
94	-379	24	74	639	-447	-368
860	-45	97	329	-589	525	581
723	98	544	682	58	73	-39

15	16	17	18	19	20	21
352	201	726	574	87	27	252
952	-76	-77	34	198	518	83
28	375	637	67	67	-33	-67
-112	29	-303	25	-55	773	544
-69	75	-91	143	846	13	64
-82	986	-146	81	847	-293	752
75	-828	78	907	98	43	-841
567	181	626	-295	-675	852	98
-425	-97	43	387	34	-34	79
49	10	74	-15	956	662	542

3, 2 digits 10 numbers

1	2	3	4	5	6	7
37	236	946	66	914	406	78
296	-87	-59	387	-212	-78	42
38	834	95	46	86	165	561
-84	-93	-268	75	-241	45	-81
847	-462	609	-86	74	-38	98
-34	538	87	984	448	-231	177
-159	85	459	-75	36	-12	-246
-297	28	-54	597	11	409	75
-94	-73	-97	416	-76	56	524
979	435	408	-68	843	853	-135

8	9	10	11	12	13	14
57	444	594	37	812	66	298
46	-195	-39	827	675	815	-34
693	86	97	-95	68	99	55
-149	991	680	375	-85	219	652
79	77	-51	-31	-273	88	-94
153	319	-292	-402	14	434	-408
-34	32	13	885	79	-235	48
496	-834	487	-33	86	-77	798
-97	91	90	505	-742	55	-243
831	66	276	74	942	968	65

15	16	17	18	19	20	21
48	944	396	85	331	84	587
94	87	251	659	79	57	724
456	-324	79	-93	593	895	-36
341	830	-57	75	-87	87	999
-79	46	-78	943	865	-699	-87
12	68	66	54	-498	95	76
-72	750	-27	387	46	410	47
603	-56	820	471	65	317	-539
559	-487	-285	95	931	63	-16
-339	-12	788	-663	19	282	979

3 digits 10 numbers

1	2	3	4	5	6	7
653	862	168	256	889	923	399
967	638	632	934	254	-342	487
549	646	318	-269	907	293	897
831	101	996	656	453	361	602
-294	417	-419	-433	-846	-236	763
745	-330	576	785	-529	994	-952
728	146	820	-341	194	247	428
429	784	-775	348	384	117	-655
337	573	509	-246	749	912	112
-967	-875	-685	574	368	-673	-612

8	9	10	11	12	13	14
746	679	113	948	539	738	620
931	397	908	-257	953	-189	829
-385	-455	335	552	979	556	419
896	878	-207	862	711	667	-677
615	736	846	994	657	446	-253
-638	855	-789	209	287	213	368
376	-921	649	-306	-159	676	-314
538	886	430	572	270	-657	431
-347	214	145	-928	-495	-924	985
476	-533	-212	286	515	791	854

15	16	17	18	19	20	21
984	229	471	512	789	589	643
863	354	487	751	861	625	866
299	139	863	124	862	884	290
-778	776	-738	-755	295	-946	-572
-270	-472	636	119	-674	746	772
380	338	214	207	-388	419	716
432	226	-542	-441	743	837	-553
351	-594	106	832	-241	-436	944
268	985	856	559	488	392	435
793	671	764	278	447	969	505

3 digits 10 numbers

1	2	3	4	5	6	7
816	802	947	622	486	847	751
-204	143	-459	-415	787	691	-193
972	496	403	829	414	786	738
919	-805	640	634	542	259	-615
266	568	343	-263	-877	-387	856
-458	118	-181	945	674	564	-251
992	242	-439	868	-560	869	904
-193	972	326	-310	182	501	-663
681	-398	698	-437	407	-326	914
-349	936	876	692	948	227	429

8	9	10	11	12	13	14
547	467	292	918	836	598	762
198	677	772	-270	864	897	654
433	545	896	385	334	758	601
-663	-395	-699	889	-949	-958	567
398	711	909	968	842	862	-820
427	460	805	211	979	676	673
786	992	755	-738	399	-589	763
934	-631	276	-684	-629	819	875
-484	478	-743	907	902	773	942
192	638	107	453	828	-478	-836

15	16	17	18	19	20	21
836	916	926	376	527	347	793
974	464	-268	338	496	814	249
296	306	337	471	818	598	269
-286	407	969	240	-179	-869	-353
448	390	629	-834	733	947	-640
597	503	-202	445	878	-911	475
296	866	488	-601	-762	786	876
-621	736	-673	556	656	698	996
-333	672	537	-448	288	-816	-369
916	-930	-389	616	772	613	176

3 digits 10 numbers

1	2	3	4	5	6	7
439	496	911	685	561	533	348
786	695	-182	587	971	-149	514
491	930	416	647	183	483	946
157	959	215	104	-388	962	682
865	525	-126	-411	966	361	109
817	777	-437	363	561	572	-737
740	-408	314	-532	754	-674	302
-905	746	886	959	-452	-294	802
594	-957	283	775	336	266	-456
-572	484	184	-476	209	595	277

8	9	10	11	12	13	14
746	249	876	585	114	503	139
827	-156	655	724	637	678	371
118	283	886	314	869	803	773
373	956	183	687	919	-561	-330
-259	-803	-733	-377	-586	666	262
867	101	776	962	-791	958	356
-599	531	227	-576	243	618	212
759	-646	-792	-119	101	-862	-643
-496	792	986	678	164	273	324
543	-376	-270	977	628	364	785

15	16	17	18	19	20	21
998	546	782	886	643	845	714
437	958	-596	452	-391	479	996
356	445	928	767	733	517	857
-717	169	-453	-338	351	-913	-777
579	-602	718	-915	-645	108	-153
466	818	651	826	410	498	341
763	603	566	528	-339	637	376
643	-212	-512	180	282	242	453
-525	-387	203	578	969	-739	-306
969	986	-118	678	-467	640	118

3 digits 10 numbers

1	2	3	4	5	6	7
835	456	975	564	921	654	275
386	-398	148	855	-553	895	376
291	657	329	315	845	509	869
-757	213	116	211	627	164	873
975	-480	846	647	-292	-376	-338
643	367	-739	-243	687	249	278
-360	764	475	775	945	-993	281
698	946	-378	-489	-414	786	-555
364	572	-202	872	993	699	476
-377	-376	770	656	786	443	674

8	9	10	11	12	13	14
673	570	284	516	430	768	812
496	546	948	236	498	-399	309
437	449	743	958	587	513	943
749	-628	274	437	-836	975	-765
269	966	-807	-879	269	745	832
-939	-563	928	501	932	290	756
206	974	821	-614	-448	-679	437
-745	297	-869	155	677	436	-768
546	480	587	651	264	-307	603
185	913	249	722	995	783	529

15	16	17	18	19	20	21
485	465	879	645	819	261	465
836	392	154	-253	-438	848	170
756	546	661	705	673	446	973
-659	356	-487	661	771	260	-399
574	-256	534	252	442	-956	863
864	994	-250	-592	764	273	944
-260	-859	945	193	-653	589	661
499	432	871	650	990	947	-495
-813	576	638	258	639	-374	587
278	798	466	960	482	497	764

3 digits 10 numbers

1	2	3	4	5	6	7
685	716	717	474	418	351	557
858	249	-258	887	926	984	355
338	351	699	364	283	339	514
-987	-290	756	-237	-682	-463	754
227	481	301	465	886	333	913
736	827	-893	974	976	297	-657
822	347	535	591	-364	733	376
-463	-868	974	632	687	-658	-569
899	676	383	-834	727	473	762
918	957	-243	287	-438	513	486

8	9	10	11	12	13	14
924	564	396	578	455	569	763
669	757	446	-287	284	251	-673
138	986	745	226	785	684	958
-622	311	339	666	-699	764	-594
784	576	-964	-567	399	351	694
658	-797	579	287	821	-927	703
-369	346	847	447	563	385	765
474	932	712	746	-643	891	-291
-489	268	-663	457	378	-617	172
155	-877	915	783	951	756	876

15	16	17	18	19	20	21
234	672	740	851	363	115	273
698	375	338	-408	359	399	637
565	567	895	765	172	586	997
-425	501	353	979	782	839	-376
366	812	-723	-499	536	-768	654
772	-388	927	393	398	922	958
715	479	418	568	-587	689	274
773	232	-121	-499	456	691	314
956	838	182	691	-877	-402	-798
-432	-276	413	361	198	617	336

3 digits 10 numbers

1	2	3	4	5	6	7
524	482	869	336	216	388	976
-406	798	946	748	998	142	559
918	893	722	840	-779	270	646
860	-699	426	-647	976	826	-549
378	991	-250	-386	-488	-468	986
-631	-475	412	323	547	894	-774
537	219	-906	141	689	589	383
475	-844	924	726	-422	732	495
-787	662	843	-402	337	-585	845
191	314	487	827	854	728	-370

8	9	10	11	12	13	14
232	938	566	228	329	960	203
696	-377	-378	736	662	279	877
889	637	557	268	825	769	383
497	396	996	734	-486	-288	857
-964	528	-398	205	836	538	537
282	-796	707	-469	362	-286	-694
-473	176	357	605	-577	122	-949
237	672	463	262	316	514	367
882	-834	-673	-445	138	-639	770
649	478	741	187	-494	775	-218

15	16	17	18	19	20	21
923	388	838	295	882	181	167
-552	664	105	985	395	644	557
181	224	273	643	305	487	222
375	435	-576	-661	881	832	364
399	582	357	258	-585	706	-736
232	454	563	893	437	-379	989
-294	593	217	378	663	778	114
868	440	784	-759	394	-947	392
-683	-585	862	372	-456	484	-465
266	-874	-996	539	816	587	272

3 digits 10 numbers

1	2	3	4	5	6	7
777	247	892	921	428	668	667
846	-198	475	-671	342	-397	863
913	508	869	346	456	481	377
-699	802	606	893	546	846	111
732	-757	754	-975	273	792	175
166	938	-994	126	-817	992	-374
487	715	426	866	796	191	-266
-701	-234	668	349	659	-630	-963
126	647	394	188	-489	517	302
293	349	-764	469	998	-682	266

8	9	10	11	12	13	14
198	797	484	994	656	580	388
878	316	343	882	157	-398	447
141	732	326	127	882	194	569
-757	486	-236	-198	-942	550	-882
536	-582	383	524	879	690	387
697	825	439	-917	196	373	994
205	-998	979	369	222	-167	344
379	440	-428	-776	-479	241	515
-502	899	776	986	818	-336	-766
196	323	-578	861	954	-599	662

15	16	17	18	19	20	21
731	672	921	975	775	689	476
744	-498	-436	466	234	146	573
492	863	518	638	875	788	493
558	722	846	779	-295	985	976
-893	432	288	-426	484	723	-499
645	-587	-797	765	716	-688	-448
375	822	924	587	-397	296	844
-393	363	418	667	379	697	-338
866	373	-816	796	-449	-853	769
359	-928	656	-358	422	489	227

3 digits 10 numbers

1	2	3	4	5	6	7
158	685	885	939	259	658	287
528	566	-399	129	867	-279	864
862	895	459	773	573	289	442
-923	-636	956	720	333	528	266
451	815	224	-659	-983	735	-669
-650	262	-689	467	513	618	-409
234	715	228	-292	478	347	867
227	-725	-686	-931	-769	-563	-978
496	-427	546	798	498	-678	694
375	439	575	327	351	687	898

8	9	10	11	12	13	14
656	156	345	249	447	324	429
848	697	814	669	-398	-131	448
924	222	362	616	805	778	562
672	720	507	877	597	-351	-449
-478	-211	-428	-774	226	940	914
796	812	620	989	-558	859	161
768	-844	367	-731	747	554	-770
141	333	-813	228	526	-957	341
-998	546	465	-506	719	738	504
722	795	708	687	-546	469	667

15	16	17	18	19	20	21
996	697	436	677	425	233	322
757	951	599	297	922	993	-199
856	299	724	821	129	538	797
-589	-939	-369	933	-288	499	843
446	543	553	970	987	-893	-685
881	768	477	-556	-945	471	624
-622	249	-896	765	531	748	-345
792	976	872	436	849	-916	486
589	-790	-287	-688	205	497	385
-101	873	677	374	-343	748	489

3 digits 10 numbers

1	2	3	4	5	6	7
134	261	187	863	369	444	941
536	569	599	-299	293	-384	-467
669	277	638	309	792	543	924
986	432	-373	585	985	-322	656
864	189	784	986	741	190	-205
261	-867	-644	-534	-493	796	817
-695	437	676	794	623	-318	612
-706	359	361	-973	896	309	-553
158	896	557	182	-453	565	628
442	744	326	303	724	-709	165

8	9	10	11	12	13	14
996	248	269	737	767	908	855
358	905	551	-188	-379	-214	368
253	595	615	332	543	673	653
-828	672	834	835	486	-339	-564
354	-301	411	-498	745	867	336
666	724	-644	292	-386	489	781
227	-493	575	882	854	974	384
-735	487	984	-677	398	-735	-828
954	635	673	159	-462	376	625
624	960	-479	785	756	559	927

15	16	17	18	19	20	21
933	216	948	927	645	768	939
-688	695	-355	-265	444	344	729
515	525	714	162	761	536	209
863	853	478	679	974	-976	454
-397	643	758	-705	-708	510	-270
574	-811	-624	981	476	-332	-879
763	-479	425	571	-580	587	306
-445	776	347	785	467	764	794
125	-224	543	-399	-656	-548	253
842	151	610	-735	563	839	673

3 digits 10 numbers

1	2	3	4	5	6	7
245	892	655	149	839	620	971
377	778	-396	452	418	786	-569
944	627	647	978	356	711	836
794	486	-711	-689	-212	418	184
-485	634	329	865	877	-862	742
341	734	957	986	654	257	587
999	-464	-780	-754	-945	-617	-973
-692	264	894	443	789	886	236
978	-334	436	206	-523	929	121
-514	991	-281	361	336	-590	-899

8	9	10	11	12	13	14
624	428	732	744	742	266	822
471	-129	-196	894	-376	378	-478
582	966	961	392	119	554	532
906	743	659	654	442	113	744
868	498	766	-732	459	-745	943
-758	-574	437	144	-546	-188	273
561	625	827	-323	601	806	328
-879	857	272	575	169	601	-497
511	518	-729	110	-740	454	169
-413	-631	939	-444	983	-620	-546

15	16	17	18	19	20	21
774	536	586	719	847	297	857
889	668	467	-244	336	983	-468
457	992	580	401	683	804	779
129	-374	-941	944	974	-664	803
253	835	748	726	141	468	163
-687	883	325	-826	-798	-979	-538
493	-736	402	340	-861	948	483
328	532	-797	489	515	535	566
-579	487	417	-157	-357	773	-929
276	359	-268	511	772	885	697

Yay.......

You MADE it!

Let's move on to

2 Digits Times Exercises

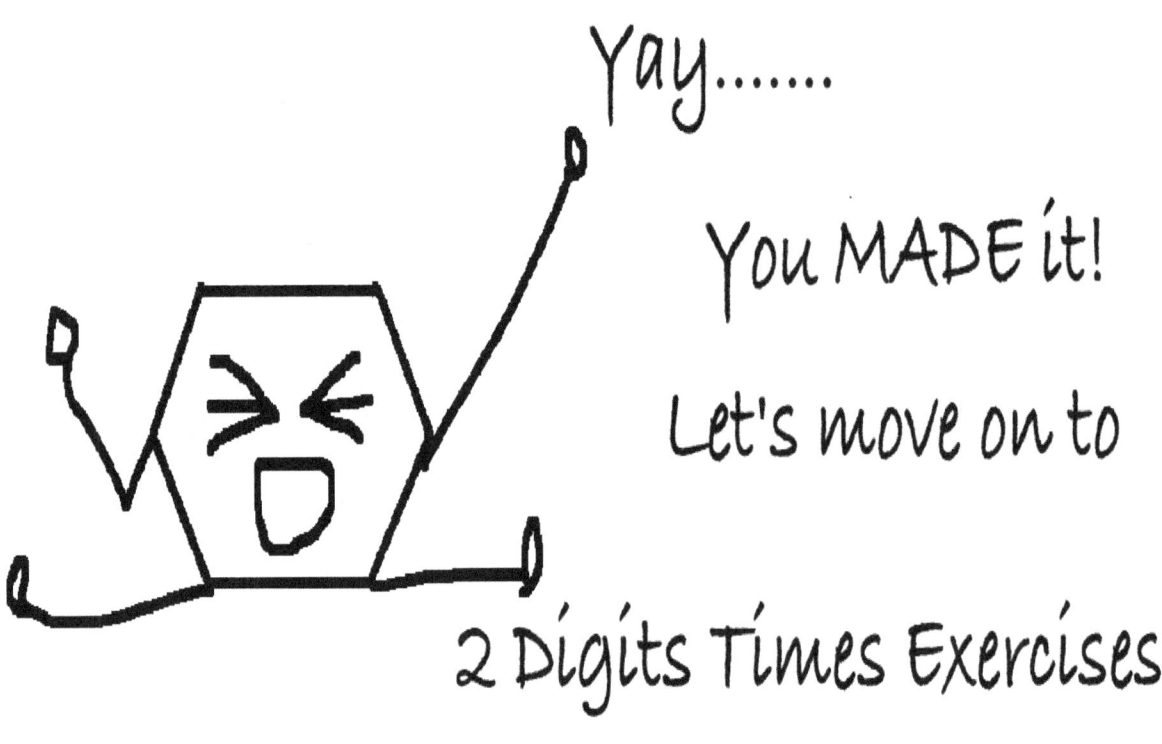

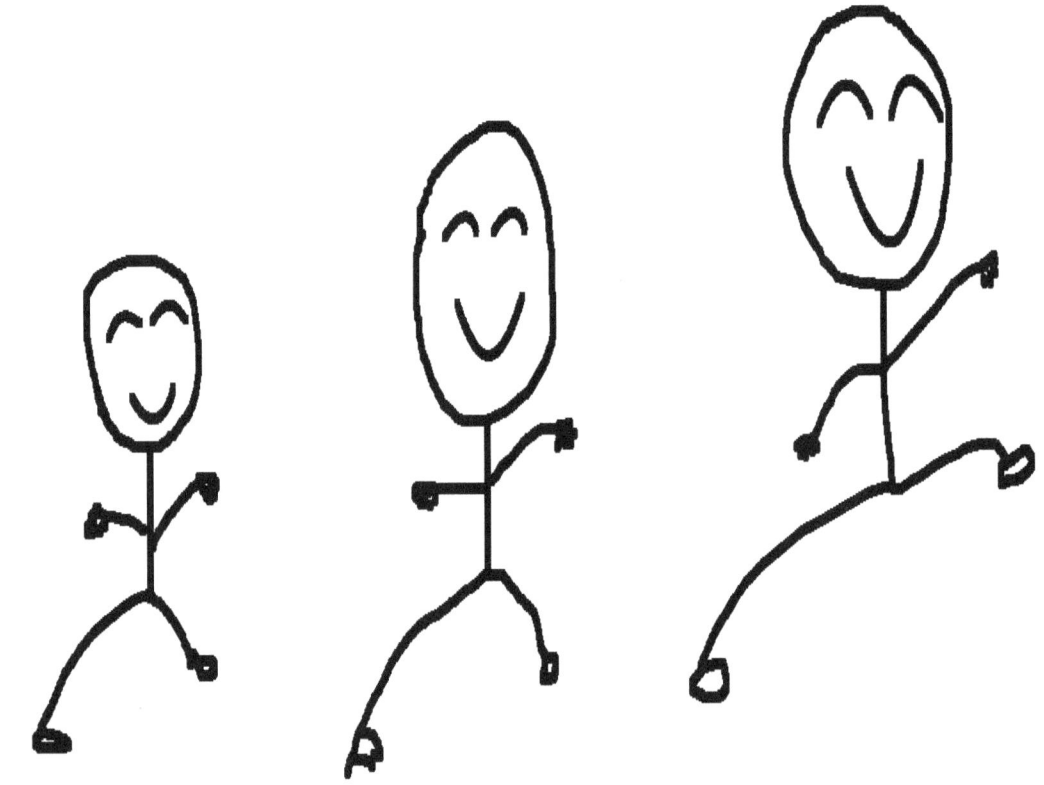

Answer Key

3, 2 digits 8 numbers p.2

1	2	3	4	5	6	7
1,854	2,304	1,431	487	1,417	839	1,795
8	9	10	11	12	13	14
496	1,407	967	2,002	1,655	854	1,272
15	16	17	18	19	20	21
1,356	2,331	1,738	1,409	573	2,101	1,556

3, 2 digits 8 numbers p.3

1	2	3	4	5	6	7
1,095	891	520	1,849	951	1,504	1,312
8	9	10	11	12	13	14
1,197	1,264	1,259	1,597	1,561	2,450	2,941
15	16	17	18	19	20	21
967	2,096	1,349	1,610	558	2,504	774

3, 2 digits 8 numbers p.4

1	2	3	4	5	6	7
2,365	1,479	1,596	1,203	1,370	1,686	1,026
8	9	10	11	12	13	14
2,750	2,203	1,967	3,218	2,576	887	1,795
15	16	17	18	19	20	21
1,440	877	2,772	2,402	2,090	1,816	664

3, 2 digits 8 numbers p.5

1	2	3	4	5	6	7
1,711	2,686	2,032	1,874	1,647	1,579	2,590
8	9	10	11	12	13	14
1,101	1,780	2,587	2,047	1,813	1,138	2,063
15	16	17	18	19	20	21
2,305	2,664	2,451	295	2,793	704	1,547

3, 2 digits 8 numbers p.6

1	2	3	4	5	6	7
2,297	1,386	2,650	1,975	849	1,588	1,076
8	9	10	11	12	13	14
1,568	1,464	2,397	675	396	1,302	1,588
15	16	17	18	19	20	21
1,102	1,013	1,795	749	1,640	1,157	582

3, 2 digits 8 numbers p.7

1	2	3	4	5	6	7
967	2,131	1,981	2,190	960	1,405	1,593
8	9	10	11	12	13	14
1,969	1,775	1,581	1,311	1,655	1,004	2,273
15	16	17	18	19	20	21
1,615	1,651	957	956	1,208	1,187	1,730

3, 2 digits 8 numbers p.8

1	2	3	4	5	6	7
1,879	688	973	526	1,115	1,792	1,035
8	9	10	11	12	13	14
1,329	2,083	1,868	829	903	2,172	1,400
15	16	17	18	19	20	21
1,063	1,106	1,005	2,023	2,139	944	1,313

3, 2 digits 8 numbers p.9

1	2	3	4	5	6	7
1,414	2,816	1,196	1,723	1,232	1,811	1,718
8	9	10	11	12	13	14
2,891	1,565	1,965	1,924	2,596	1,430	2,180
15	16	17	18	19	20	21
2,089	2,322	1,761	1,875	1,782	1,885	1,852

3, 2 digits 8 numbers p.10

1	2	3	4	5	6	7
1,812	796	1,424	2,194	800	1,940	1,343
8	9	10	11	12	13	14
103	1,636	1,938	974	1,275	981	1,633
15	16	17	18	19	20	21
2,334	1,911	1,187	1,118	742	781	1,976

3, 2 digits 8 numbers p.11

1	2	3	4	5	6	7
1,212	1,416	1,910	1,643	1,707	1,973	897
8	9	10	11	12	13	14
703	1,579	1,656	2,086	1,814	2,007	1,869
15	16	17	18	19	20	21
1,927	1,324	2,164	1,166	1,413	1,416	1,150

3 digits 8 numbers p.12

1	2	3	4	5	6	7
3,505	2,004	1,982	3,048	3,476	2,415	2,325
8	9	10	11	12	13	14
2,019	3,016	2,429	2,766	2,382	1,249	3,473
15	16	17	18	19	20	21
2,848	3,450	2,427	2,318	2,496	989	3,485

3 digits 8 numbers p.13

1	2	3	4	5	6	7
2,166	2,064	1,970	1,419	2,207	3,399	2,886
8	9	10	11	12	13	14
3,023	2,645	2,777	1,952	1,844	2,710	2,632
15	16	17	18	19	20	21
2,499	3,351	3,287	2,515	2,745	2,157	1,500

3 digits 8 numbers p.14

1	2	3	4	5	6	7
2,886	2,540	2,680	1,996	2,909	3,038	1,790
8	9	10	11	12	13	14
1,047	3,211	2,720	4,524	2,240	2,456	1,528
15	16	17	18	19	20	21
2,770	2,688	2,960	3,320	2,824	3,314	2,058

3 digits 8 numbers p.15

1	2	3	4	5	6	7
2,200	1,704	1,335	2,347	1,395	2,416	3,248
8	9	10	11	12	13	14
3,591	1,978	2,889	2,140	2,053	2,435	1,938
15	16	17	18	19	20	21
2,804	1,995	1,530	1,420	1,728	3,231	3,361

3 digits 8 numbers p.16

1	2	3	4	5	6	7
2,677	3,173	2,499	2,532	1,249	1,555	1,082
8	9	10	11	12	13	14
3,234	3,596	2,387	3,071	2,515	2,859	2,290
15	16	17	18	19	20	21
1,444	2,517	1,989	2,082	2,768	2,312	1,810

3 digits 8 numbers p.17

1	2	3	4	5	6	7
2,661	2,577	2,757	2,553	4,222	2,962	2,445
8	9	10	11	12	13	14
2,182	2,347	3,770	3,094	2,753	2,584	2,138
15	16	17	18	19	20	21
1,867	1,582	966	2,580	1,627	1,088	2,918

3 digits 8 numbers p.18

1	2	3	4	5	6	7
2,486	2,866	2,666	1,837	3,296	3,465	3,067
8	9	10	11	12	13	14
2,111	2,231	2,832	2,736	3,455	1,587	2,653
15	16	17	18	19	20	21
2,082	3,431	3,374	2,437	2,248	1,876	2,799

3 digits 8 numbers p.19

1	2	3	4	5	6	7
2,967	3,149	2,590	2,335	3,913	2,978	2,349
8	9	10	11	12	13	14
1,027	2,370	2,126	1,924	2,478	3,632	1,681
15	16	17	18	19	20	21
2,875	2,638	2,655	1,759	2,746	1,635	1656

3 digits 8 numbers p.20

1	2	3	4	5	6	7
3,210	2,111	1,976	1,957	2,334	2,973	1,921
8	9	10	11	12	13	14
4,142	2,898	2,329	1,809	1,848	2,259	2,087
15	16	17	18	19	20	21
2,008	1,885	1,898	2,055	1,730	3,556	2,435

3 digits 8 numbers p.21

1	2	3	4	5	6	7
1,985	2,267	1,768	2,846	1,674	1,885	3,494
8	9	10	11	12	13	14
1,449	1,143	1,777	1,411	2,797	3,116	2,667
15	16	17	18	19	20	21
2,830	2,229	3,341	3,075	3,618	3,067	2,720

3, 2 digits 10 numbers p.22

1	2	3	4	5	6	7
2,621	2,128	1,573	1,858	1,598	2,703	2,661
8	9	10	11	12	13	14
2,143	2,970	1,203	2,166	2,491	890	1,343
15	16	17	18	19	20	21
1,567	1,832	1,754	2,228	2,343	2,983	1,549

3, 2 digits 10 numbers p.23

1	2	3	4	5	6	7
1,431	1,237	1,323	1,689	1,266	1,642	2,689
8	9	10	11	12	13	14
2,590	1,949	2,720	2,213	1,932	2,854	3,147
15	16	17	18	19	20	21
1,960	2,309	3,019	1,775	1,666	1,606	1,951

3, 2 digits 10 numbers p.24

1	2	3	4	5	6	7
1,139	2,484	2,781	1,630	1,431	2,972	1,630
8	9	10	11	12	13	14
1,974	1,609	1,806	2,192	1,693	2,828	2,166
15	16	17	18	19	20	21
2,934	2,145	1,598	1,589	1,049	1,271	1,360

3, 2 digits 10 numbers p.25

1	2	3	4	5	6	7
3,050	2,031	2,576	1,812	1,973	1,982	2,302
8	9	10	11	12	13	14
1,459	1,233	2,422	2,918	3,227	2,049	2,607
15	16	17	18	19	20	21
2,604	2,299	2,428	2,400	2,568	2,479	2,029

How to Abacus Exercise   3 Digits 810

3, 2 digits 10 numbers p.26

1	2	3	4	5	6	7
1,397	1,298	2,733	1,937	1,677	1,968	1,,,336
8	9	10	11	12	13	14
1,782	1,483	1,098	2,283	1,938	2,120	1,888
15	16	17	18	19	20	21
2,240	2,320	2,276	1,529	2,033	2,307	2,545

3, 2 digits 10 numbers p.27

1	2	3	4	5	6	7
2,583	743	1,586	2,293	1,845	1,987	1,897
8	9	10	11	12	13	14
958	2,245	1,242	1,780	2,383	1,644	2,029
15	16	17	18	19	20	21
1,964	1,736	2,375	2,104	1,789	2,065	1,838

3, 2 digits 10 numbers p.28

1	2	3	4	5	6	7
2,365	1,723	2,122	2,321	2,060	2,454	2,438
8	9	10	11	12	13	14
2,609	2,005	1,803	1,229	2,392	629	1,931
15	16	17	18	19	20	21
1,996	2,348	1,568	2,267	2,464	1,411	1,970

3, 2 digits 10 numbers p.29

1	2	3	4	5	6	7
1,562	2,652	1,816	1,723	3,402	2,119	2,093
8	9	10	11	12	13	14
2,395	1,630	2,009	1,899	1,473	3,574	1,780
15	16	17	18	19	20	21
2,262	1,593	2,390	2,422	2,138	1,174	1,977

3, 2 digits 10 numbers p.30

1	2	3	4	5	6	7
2,413	2,376	2,365	2,272	1,784	1,325	1,782
8	9	10	11	12	13	14
2,889	1,655	2,151	2,038	1,277	2,194	2,417
15	16	17	18	19	20	21
1,335	856	1,567	1,908	2,403	2,528	1,506

3, 2 digits 10 numbers p.31

1	2	3	4	5	6	7
1,529	1,441	2,126	2,342	1,883	1,575	1,093
8	9	10	11	12	13	14
2,075	1,077	1,855	2,142	1,576	2,432	1,137
15	16	17	18	19	20	21
1,623	1,846	1,953	2,013	2,344	1,591	2,734

3 digits 10 numbers p.32

1	2	3	4	5	6	7
3,978	2,962	2,140	2,264	2,823	2,596	1,469
8	9	10	11	12	13	14
3,208	2,736	2,218	2,932	4,257	2,317	3,262
15	16	17	18	19	20	21
3,322	2,652	3,117	2,186	3,182	4,079	4,046

3 digits 10 numbers p.33

1	2	3	4	5	6	7
3,442	3,074	3,154	3,165	3,003	4,031	2,870
8	9	10	11	12	13	14
2,768	3,942	3,370	3,039	4,406	3,358	4,181
15	16	17	18	19	20	21
3,123	4,330	2,354	1,159	4,227	2,207	2,472

3 digits 10 numbers p.34

1	2	3	4	5	6	7
3,412	4,247	2,464	2,701	3,701	2,655	2,787
8	9	10	11	12	13	14
2,879	931	2,794	3,855	2,298	3,440	2,249
15	16	17	18	19	20	21
3,969	3,324	2,169	3,642	1,546	2,314	2,619

3 digits 10 numbers p.35

1	2	3	4	5	6	7
2,698	2,721	2,340	4,163	4,545	3,030	3,209
8	9	10	11	12	13	14
1,877	4,004	3,158	2,683	3,368	3,125	3,688
15	16	17	18	19	20	21
2,560	3,444	4,411	3,479	4,489	2,791	4,533

3 digits 10 numbers p.36

1	2	3	4	5	6	7
4,033	3,446	2,971	3,603	3,419	2,902	3,491
8	9	10	11	12	13	14
2,322	3,066	3,352	3,336	3,294	3,107	3,373
15	16	17	18	19	20	21
4,222	3,812	3,422	3,202	1,800	3,688	3,269

3 digits 10 numbers p.37

1	2	3	4	5	6	7
2,059	2,341	4,473	2,506	2,928	3,516	3,197
8	9	10	11	12	13	14
2,927	1,818	2,938	2,311	1,911	2,744	2,133
15	16	17	18	19	20	21
1,715	2,321	2,427	2,943	3,732	3,373	1,876

3 digits 10 numbers p.38

1	2	3	4	5	6	7
2,940	3,017	3,326	2,512	3,192	2,778	1,158
8	9	10	11	12	13	14
1,971	3,238	2,488	2,852	3,343	1,128	2,658
15	16	17	18	19	20	21
3,484	2,234	2,522	4,889	2,744	3,272	3,073

3 digits 10 numbers p.39

1	2	3	4	5	6	7
1,758	2,589	2,099	2,271	2,120	2,342	2,262
8	9	10	11	12	13	14
4,051	3,226	2,947	2,304	2,565	3,223	2,807
15	16	17	18	19	20	21
4,005	3,627	2,786	4,029	2,472	2,918	2,717

3 digits 10 numbers p.40

1	2	3	4	5	6	7
2,649	3,297	3,111	2,216	4,477	1,114	3,518
8	9	10	11	12	13	14
2,869	4,432	3,789	2,659	3,322	3,558	3,537
15	16	17	18	19	20	21
3,085	2,345	3,844	2,001	2,386	2,492	3,208

3 digits 10 numbers p.41

1	2	3	4	5	6	7
2,987	4,608	1,750	2,997	2,589	2,538	1,236
8	9	10	11	12	13	14
2,473	3,301	4,668	2,014	1,853	1,619	2,290
15	16	17	18	19	20	21
2,333	4,182	1,519	2,903	2,252	4,050	2,413

www.ingramcontent.com/pod-product-compliance
Lightning Source LLC
Chambersburg PA
CBHW081330040426
42453CB00013B/2370
* 9 7 8 1 9 4 9 6 2 2 1 4 0 *